Lucia Dettori

Epsilon/Lambda
Onda d'Amore

Copyright©2016 Lucia Dettori

Tutti i diritti riservati

ISBN-13: 978-1535024327
ISBN-10: 1535024321

Epsilon/Lambda
Onda d'Amore

PREMESSA

La prima volta che feci una meditazione utilizzando onde particolari, profondissime e veloci, giunsi a un'interferenza costruttiva con il Campo e "sentii" queste parole:

Tutto è possibile per voi, se imparate a vivere nella luce e della luce.

Tutto è Luce.

Siete esseri di luce e la vostra vita è meraviglia.

La luce è tutta intorno e dentro.

Felicità, gioia, amore e bellezza sono in voi.

Il cammino è semplice, percorretelo.

Cominciare, muovere i passi senza direzione; tutte le strade confluiscono in Una.

La direzione E'.

Il cambiamento è bellezza, sta accadendo sotto i vostri occhi, osservatelo con attenzione, senza timore.

Apre le porte della luce, varcatele e la gioia sarà immensa.

Tutto armonia, pura e infinita, emozione e Vita.

Ogni essere unico, eccezionale, pieno di potenzialità. Ricordato questo, il cammino è già.

Il Cammino è principio di Luce......

Sono trascorsi dieci anni dal giorno in cui ho accolto l'invito dell'Universo.

Tantissime le cose avvenute da allora, una sola la certezza:

Luce è Realtà Infinita.

INTRODUZIONE

Ai fini di una miglior comprensione degli argomenti trattati nella mia personale ricerca, è utile conoscere alcuni principi della fisica classica e della quantistica, su cui trova basamento la capacità di utilizzo consapevole delle onde cerebrali più profonde e la logica che consente di variare la realtà mediante le onde stesse.

In questo scritto, esporrò, dunque, i fondamenti.

Basterà seguire il filo logico di questi pochi principi scientifici, per accedere a risposte che sono, da sempre, sotto gli occhi di tutti.

Sarà molto facile per chi sia già nello spirito della carta numero XII dei Tarocchi: in grado di apprendere una nuova realtà perché ha la mente aperta e pronta a guardare le cose da un altro punto di vista.

Nell'ordine tratterò di seguito:

Il panorama scientifico generale all'inizio del 1900.

La necessaria introduzione della fisica quantistica.

I postulati della Teoria delle super stringhe.

La teoria del Multiverso.

Il punto d'accesso alla Luce, infinita Energia Universale.

Più volte ho affermato che "Comprendere bene la "logica" del comportamento generale del cervello biologico, approfondirne il comportamento genealogico e utilizzarne l'automatismo in una nuova applicazione, sono il vero strumento che consente una svolta, non solo individuale ma, addirittura evolutiva".

Con questo scritto ogni essere predisposto e aperto al cambiamento, sarà in grado di comprendere il motivo di un'affermazione così importante e, partendo da pochi principi base, vedrà immediatamente qualsiasi implicazione ed evoluzione futura pur non ancora chiarita da studi e/o ipotesi alcuna.

Questo in virtù del principio della fisica quantistica, secondo cui esistono possibilità multiple per ogni singolo evento, in altre parole un unico avvenimento può dare origine a diversi risultati.

CAPITOLO I

La scienza nel 1900

Comincerò con il dire che, già intorno agli anni 20 del 1900, gli scienziati erano giunti a comprendere sia il funzionamento del Macrocosmo, sia del Microcosmo.

Attraverso la teoria della relatività, gli studi sulle particelle infinitesimali e la scienza dei quanti, si era, infatti, giunti a comprendere molto bene le leggi fisiche che governano il cosmo e a dimostrarle.

C'era però una questione irrisolta; per semplificare si può dire che non si riusciva a mettere in relazione le scoperte pertinenti al microcosmo con quelle concernenti il macrocosmo.

La civiltà occidentale, si trovò, così, a un bivio: da una parte la fisica classica in grado di studiare i pianeti e il cosmo, dadell'altra la meccanica quantistica, in grado di studiare e spiegare il comportamento delle particelle.

Singolarmente le due branche della scienza funzionavano e le formule matematiche spiegavano bene i due ambiti di ricerca, tuttavia non si riusciva a comprendere quale fosse il modo più adeguato per metterle in correlazione. In altre parole, spiegati i due estremi del Tutto, non si riusciva a spiegare il Tutto nella sua interezza.

Vediamo di seguito, nel particolare, quali erano i risultati cui si era giunti e quali fossero le ipotesi per trovare le informazioni mancanti.

Nella fisica classica, Newton aveva affermato che la luce avesse conformazione corpuscolare, perciò, da allora in poi, varie generazioni di scienziati fecero esperimenti per confermare questa ipotesi.

Fu solo all'inizio dell'Ottocento che si fece forte la convinzione che la luce fosse composta di onde, perciò nel 1801 uno scienziato - Thomas Young - fece un esperimento in cui utilizzò due sorgenti luminose che fece passare attraverso due fenditure per infrangersi contro uno schermo. Fu preso uno schermo opaco e praticata una doppia fenditura, attraverso la quale fu diretto un raggio di luce. Oltre lo schermo vi era una lastra sulla quale la luce, infrangendosi creò alternativamente alcune bande chiare e altre scure.

Questo risultato fu interpretato come l'interferenza d'onda della luce che, entrando in fase con altre onde, determina talvolta interferenza costruttiva (bande luminose), tal altra sovrapposizione distruttiva (parti scure).

Il risultato dell'esperimento mise inequivocabilmente l'accento sulla peculiarità ondulatoria della luce.

In seguito, James Clerk Maxwell, fisico e matematico scozzese, riuscì a determinare le equazioni per descrivere la luce come un'onda elettromagnetica, sancendo, così, la sua natura ondulatoria.

Agli inizi del Novecento, con la scoperta delle formule indicanti il corretto comportamento di un corpo nero, da parte del fisico tedesco Max Plank, comparvero, però, le prime contraddizioni.

In certe situazioni, infatti, la luce si comportava come composta di particelle.

Questo comportamento viene per esempio evidenziato dalle ipotesi di Einstein sul fotone, nell'effetto fotoelettrico, nel 1905.

In seguito, nel 1916 con le scoperte dello statunitense Robert Andrews Millikan e nel 1922 con la scoperta dell'effetto Compton, l'ipotesi fotonica fu definitivamente confermata.

Sorgeva, così, una nuova problematica, infatti, la luce appariva sotto forma di onda o sotto forma di particelle, secondo l'esperimento.

Infine il francese Louis De Broglie, nel 1924,

ipotizzò che tutta la materia si comportasse nello stesso modo e aprì la comunità scientifica alla meccanica quantistica, in grado di superare l'apparente problema del dualismo (onda-particella) della realtà.

1. Einstein e la relatività.

Vediamo cosa accadeva nel frattempo, sul fronte della fisica classica.

Nel 1916 Einstein pubblicò un rivoluzionario documento in cui descrisse la sua teoria relativistica della gravitazione che denominò relatività generale. In esso il fisico descrive le proprietà di quello che è definito spazio-tempo a quattro dimensioni, e indica la gravità come espressione della curvatura dello spazio-tempo.

Il documento tratta in particolare gli argomenti che tormentavano la così detta fisica classica, dando soluzione ad alcuni contrasti sorti nell'ultimo secolo a causa delle nuove scoperte.

In epoca precedente agli studi di Einstein, infatti, il tempo era considerato una grandezza assoluta, in altre parole un'unità che non dipende dal punto in cui si trova l'osservatore.

Inoltre, si faceva riferimento alla legge di "composizione delle velocità" che deriva dai principi di Galileo secondo cui, invece, la velocità di un corpo, al contrario del tempo, è relativa al sistema di riferimento in cui si misura. Se, quindi, un uomo su un treno lancia una pallina nella direzione di marcia, un altro uomo che osserva fermo alla stazione, indicherà come velocità della pallina, la velocità di questa sommata a quella del treno. Si tratterà, dunque, di una velocità maggiore di quella misurata da un passeggero sullo stesso treno.

Questa legge fu applicata finché le equazioni sull'elettromagnetismo, studiate da Maxwell, non la misero in dubbio. Infatti, da tali equazioni risultò che la velocità della luce si propaga nel vuoto a velocità finita e costante.

Cosa inconciliabile con la legge della relatività di Galileo.

Si prenda inoltre nota che Einstein, con il principio della relatività, enuncia cosa si ottiene, con esattezza, partendo da determinati presupposti, dunque sancisce, con esso, l'inalterabilità di causa-effetto.

La relatività ristretta.

Con la teoria della relatività ristretta, Einstein, nel 1905 risolve la contrapposizione con la fisica galileiana, togliendo al tempo la caratteristica di grandezza assoluta e affermando che non è possibile superare la velocità della luce.

Quest'ultima affermazione, però, entra in contrasto con la teoria della gravitazione universale di Newton che afferma invece che le masse esercitano un'azione istantanea le une sulle altre. Einstein ritiene questo impossibile, perché nessuna informazione può trasmettersi istantaneamente, cioè più veloce della luce.

Concetto di spazio-tempo.

Per risolvere quest'altra contrapposizione Einstein rivoluzionò completamente il concetto di gravità, elaborando un'equazione legata alla geometria dello spazio e del tempo.

Mediante essa, il fisico rappresenta la forza gravitazionale come espressione dell'entità spazio-tempo.

Secondo questo nuovo concetto, l'Universo sarebbe avvolto in una sorta di foglio di gomma avente quattro dimensioni di cui tre sono spaziali e una è data dal tempo; su tale "foglio" si appoggiano le masse, (per esempio pianeti, stelle etc.) che la incurvano, dando luogo all'attrazione di masse più piccole, verso lo stesso punto di curvatura. L'immagine che ben spiega il concetto, è quella in cui s'inclina un piano e le varie palline, poste sopra, tendono a portarsi verso il punto maggiormente inclinato, ognuna secondo le sue dimensioni; con l'unica differenza che il piano è, generalmente, rigido, mentre lo spazio-tempo è elastico.

In questo modo Einstein risolse la contrapposizione in precedenza da lui stesso rilevata, tra la gravitazione universale e la relatività ristretta, in altre parole le masse possono esercitare un'attrazione istantanea le une sulle altre non perché l'informazione possa viaggiare più veloce della luce (relatività ristretta) ma a causa delle curvature di spazio-tempo che deviano la luce stessa (relatività generale).

L'equazione di campo della relatività generale.

Pur essendo di complessa soluzione, il sistema di dieci equazioni differenziali parziali, di cui è composta, fu risolto, ma sempre in applicazione solo a determinate condizioni, si tratta, cioè, di soluzione particolare.

Mentre nel concreto la teoria fu verificata già nel 1919, per poi essere ampiamente confermata durante svariati fenomeni astronomici, anche recenti.

Relatività e quantistica.

Nonostante le sperimentazioni e le verifiche concrete, tuttavia la teoria della relatività resta, a oggi, inconciliabile con i principi di meccanica quantistica e le leggi fisiche riguardanti il comportamento delle onde e delle particelle che si muovono in spazi microscopici.

In altre parole, come detto al paragrafo 1, le leggi della quantistica, riguardanti il Microcosmo, non sono conciliabili con le leggi della fisica, riguardanti il Macrocosmo, e questo, in contrasto con la realtà nella quale entrambi esistono.

Separatamente, meccanica quantistica e relatività generale funzionano benissimo, sia nella pratica sia nella matematica, tuttavia, quando si prova a ricomporle in un'unica situazione, mostrano divergenze di tipo matematico che non si riesce, a tutt'oggi, a eliminare.

Gli scienziati, per indicare tale discordanza, dicono che "non è possibile quantizzare la gravità".

Quanto ad Einstein, nonostante proprio i suoi studi portino all'esigenza di sviluppare la meccanica quantistica, non fu mai convinto della validità di questa "nuova" scienza, perché non accettava la parte "probabilistica" di essa.

1.2 L'interpretazione di Copenaghen.

A questo punto, poiché è necessario introdurre qualche concetto in più riguardo alla meccanica quantistica, non si può esulare da quella che è comunemente definita l'Interpretazione di Copenaghen.

Rappresenta l'interpretazione della meccanica quantistica maggiormente condivisa fra gli studiosi.

È ispirata soprattutto ai lavori svolti a Copenaghen da Niels Bohr e da Werner Karl Heisenberg intorno al 1927.

Questa interpretazione di alcune leggi della fisica è stata, in seguito, determinata in maniera più appropriata. In particolare, negli anni cinquanta, furono chiariti il principio di complementarità e la dualità onda-corpuscolo.

Di seguito le basi dell'Interpretazione.

1.3 Dualità della realtà.

In vari esperimenti la luce si comporta in un modo diverso da quello finora descritto, ciò presuppone una sua natura corpuscolare, come già affermato da Newton.

A dimostrazione della dualità onda-corpuscolo, famoso è l'esperimento tenuto nel 1927 da Davisson e Germer che, utilizzando lastre ultrasensibili e facendo lo stesso esperimento della doppia fenditura (come Young con la luce) con corpuscoli, quali gli elettroni, denotò in questi un comportamento di tipo ondulatorio che proponeva figure d'interferenza, proprio come accade con la luce. Dapprima, infatti, poiché l'esperimento fu fatto emettendo solo una particella per volta, questa fu rilevata sulla lastra come singolo punto luminoso, in altre parole come corpuscolo, in seguito, però, dopo avere ripetuto l'invio per varie volte, la sommatoria dei punti luminosi sulla lastra, rilevò la stessa figura d'interferenza d'onda dell'esperimento condotto con il fascio di luce.

L'esperimento della doppia fessura pone dunque due importanti quesiti:

a)   La "nuova scienza" della meccanica quantistica non è in grado di stabilire con precisione il punto esatto in cui ogni particella colpirà lo schermo, ma è in grado di stabilire solo se le probabilità, che una determinata particella colpisca lo schermo in un punto, siano maggiori o minori.

b)   Inoltre, poiché ogni particella è descritta come una funzione d'onda non determinata e sembra interagire con le due fenditure contemporaneamente -come se vi fosse un'interferenza con se stessa - si pone un altro quesito. Se si considera, infatti, la particella come un punto luminoso, esso può attraversare una sola fenditura, dunque accade, necessariamente, qualcosa durante il percorso che dalla sorgente le porta allo schermo.

L'interpretazione di Copenaghen risponde ai due quesiti sostenendo da un canto che nella meccanica quantistica, anche conoscendo tutti i dati iniziali (posizione delle particelle, punto d'ingresso, velocità…) non si può prevedere il risultato di un esperimento singolo poiché lo stesso influenza il risultato. D'altro canto risponde che le domande sul comportamento della particella durante il tragitto (dove si trovava, cosa è successo…) sono insensate, poiché pretendono delle misurazioni che costringerebbero l'onda ad assumere un valore già determinato.

Molti fisici e filosofi hanno mosso obiezioni all'interpretazione di Copenaghen, tra questi, Albert Einstein che, tra le altre cose, a proposito dell'esperimento che influenza il risultato disse: "Credi davvero che la luna non sia lì se non la guardi?".

L'esperimento concettuale del 1935, detto EPR (paradosso di Einstein-Podolsky-Rosen), fu il maggior supporto a tali obiezioni.

In seguito, il teorema di Bell ha dimostrato che la descrizione della realtà fatta dalla meccanica quantistica è corretta, e ha confutato il paradosso EPR.

4.Vi è una fonte di 1.Energia Infinita nel nostro Universo.

La meccanica quantistica ha dimostrato che non esiste niente di simile al vuoto o al nulla. Quando si crede che non vi sia nulla, nella realtà, in termini infinitesimi, ci sono infinita attività e movimento.

Il " principio d'indeterminazione".

Sviluppato da Heisenberg nel 1927, implica, infatti, che nessuna particella sia mai completamente immobile ma che sia in una condizione di moto costante dovuta allo stato fondamentale del campo di energia che interagisce continuamente con tutta la materia subatomica. Significa che la struttura dell'Universo è data da un'infinità di campi quantistici che non possono essere eliminati da nessuna legge nota della fisica.

Questi movimenti continui di particelle piccolissime che durano frazioni di secondo, se sommati tra di loro e per tutta l'estensione dell'Universo, danno luogo a un'energia infinita che è notevolmente più grande di quella contenuta in tutta la materia in tutto il Mondo.

Tale rimescolio di energia, definito dai fisici anche il "vuoto", è detto il Campo del Punto Zero.

Un Campo rappresenta una Matrice che connette più punti nello spazio attraverso una forza come l'elettromagnetismo; questo specifico campo è detto del Punto Zero perché le fluttuazioni al suo interno, sono rilevabili ancora alla temperatura dello zero assoluto.

L'esistenza del Campo del punto Zero, (che nelle equazioni della fisica successiva è stato estromesso perché ritenuto non importante poiché sempre presente) implica che tutta la materia nell'Universo sia interconnessa da onde che si estendono attraverso il tempo e lo spazio ma anche oltre, continuando all'infinito e legando ogni parte dell'Universo a ogni altra.

Il Campo del Punto Zero può essere considerato come il Campo dei campi, in altre parole un serbatoio infinito di energia cui poter attingere - se si conosce un modo per interagire con esso -.

Spieghiamo meglio questo concetto:

Noi e tutta la materia dell'Universo siamo

connessi fino alle più lontane dimensioni del cosmo attraverso le onde del Campo del Punto Zero.

Queste onde hanno una frequenza che è misurabile come lunghezza d'onda, o ciclo, e corrisponde a una completa oscillazione dell'onda stessa. Il numero di cicli in un secondo è misurato in hertz.

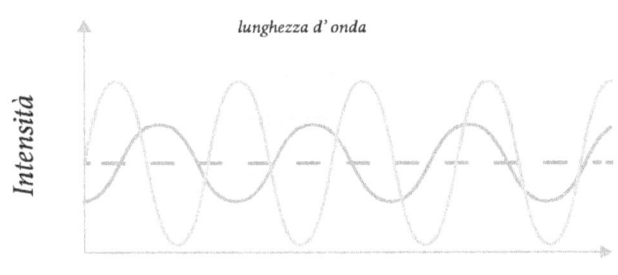

Distanza

Il termine fase, invece, è utilizzato per indicare il punto in cui si trova l'onda durante la sua oscillazione.

Due onde sono in fase quando entrambe hanno un punto di massimo, o minimo, allo stesso momento, anche se hanno frequenze o ampiezze diverse.

Entrare in fase vuol dire, dunque, entrare in sincronia.

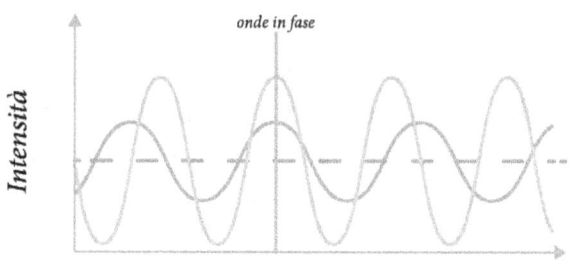

onde in fase

Intensità

Distanza

Una delle caratteristiche più importanti delle onde è che codificano e trasportano informazioni.

Quando due onde sono in fase, e si sovrappongono, in altre parole interferiscono, avviene uno scambio d'informazione che è detta interferenza costruttiva.

Dopo che due onde sono entrate in collisione, ognuna contiene informazioni sull'altra in forma di energia codificata e in più tutte le informazioni che già conteneva.

Le onde hanno una capacità infinita di accumulare informazioni.

2. La Teoria delle Corde.

La fisica moderna, si basa dunque su due fondamenti: la relatività generale formulata da Albert Einstein e la meccanica quantistica fondata da Max Planck.

La formulazione della relatività generale nasce come teoria classica ed è a tutt'oggi impossibile trasformarla in una teoria quantistica di campo; inoltre non esiste una formulazione della teoria quantistica dei campi, né della meccanica quantistica, applicabile a spazio-tempo curvo. Le due teorie permangono tra loro incompatibili.

Alcuni ricercatori sono addirittura arrivati alla conclusione che nella forma attuale la meccanica quantistica e la relatività generale non possono essere entrambe giuste poiché si contraddicono a vicenda, infatti, mentre la prima si basa su uno spazio piatto, la seconda si basa su un continuum spaziale curvo.

Perciò la fisica, ormai da un secolo a questa parte, si pone l'obiettivo di creare una teoria unificata del tutto.

Con questo intento, fin dagli anni '20

cominciò una strenua ricerca che ha portato all'enunciazione della "teoria delle corde" (o stringhe) nel 1968 e, in tempi più recenti, alla teoria delle superstringhe, e alla formulazione della M Teoria.

Osserviamo meglio le basi e l'evoluzione di tali conoscenze.

Uno tra i primi a dedicarsi alla ricerca di una teoria unificata del Campo fu lo stesso Einstein che, tuttavia, non riuscì nell'intento. D'altro canto a quei tempi mancavano tante conoscenze che furono acquisite solo in seguito. Per esempio, mentre erano conosciute solo tre particelle elementari, a oggi queste sono invece superiori a cento, e le originarie forze fondamentali sono passate da due a quattro.

2.1 La teoria delle Superstringhe.

Il motore principale della ricerca è, dunque, l'incompatibilità tra la relatività generale e la meccanica quantistica.

Il motivo per cui fino a tempi recenti non si è dato peso a questa incompatibilità, è che, essendo i due campi di applicazione molto diversi, si è utilizzata di volta in volta l'una o l'altra teoria, secondo le dimensioni e la pesantezza degli oggetti che si dovevano studiare, senza che fosse necessario utilizzarle entrambe contemporaneamente.

Negli ultimi decenni, tuttavia, si è saputo di nuovi elementi della realtà che presentano altre variabili (per esempio i buchi neri sono pesantissimi ma anche molto piccoli) e per i quali è indispensabile l'applicazione contemporanea delle due conoscenze.

La teoria delle stringhe riesce a superare la discordanza tra le due conoscenze base, spiegando il comportamento della materia e delle forze che la aggregano.

L'inizio di questa nuova teoria è dovuto a un'intuizione del fisico italiano Gabriele

Veneziano, nel 1968. Tale conoscenza fu ampliata, in seguito, con la scoperta che, se anziché assimilare le particelle elementari a punti, si equiparavano a corde o fili vibranti, l'equazione derivante era in grado di descrivere le interazioni tra particelle.

I fili vibranti devono essere pensati cortissimi e sottilissimi, tanto da essere invisibili anche a strumentazioni infinitamente potenti. Per contro sono tesi da una forza enorme (10 elevato 39 tonnellate) che ne determina la vibrazione attraverso la tensione. Maggiore tensione corrisponde a una più grande massa della particella, dunque maggiore forza di gravità da parte di quest'ultima sulle altre.

Prendere in considerazione gravità e struttura di una particella elementare, significa integrare le due teorie base.

L'Universo conosciuto è, dunque, costituito da corde vibranti, infatti, i diversi modi in cui vibrano, creano tutte le particelle elementari che lo compongono. Perciò tutto ciò che esiste nell'Universo conosciuto è la materializzazione di energia vibratoria.

Materia, energia, spazio e tempo esistono in virtù della vibrazione di queste corde e il modo diverso in cui esse vibrano, determina la nascita di una particella o di un'altra.

A questo punto si può fare la seguente osservazione, da tener presente nel seguito della trattazione: una volta compreso il funzionamento della vibrazione delle corde, ed entrati in sintonia con esso, si potrebbero scegliere i toni e creare la materia e l'energia preferita.

N. B

Quando si scoprì che a ogni particella di materia ne corrispondeva una di forza, e viceversa, cioè vi era una supersimmetria data dalla corrispondenza di una particella conosciuta a una sconosciuta, di comportamento simile, si cominciò a parlare della teoria delle superstringhe.

2. LA M-teoria.

Le teorie delle superstringhe sono cinque; tutte presuppongono dieci dimensioni in cui ogni cosa esiste, di cui nove spaziali e una temporale; sei di queste, sono invisibili perché troppo piccole.

Le cinque teorie differiscono tra loro per altre variabili quali la forma delle stringhe, per lo più pensate come ad anello ma, talvolta, anche aperte.

Edward Witten nel 1995 raggruppò le cinque teorie, di cui trovò il comune denominatore, nella M-teoria.

In questa, il fisico aggiunge un'undicesima dimensione e contempla, oltre alle originarie strutture unidimensionali, anche elementi pluridimensionali.

A mio parere le dimensioni da considerare devono essere dodici, e nel seguito spiegherò perché.

Ora, però, lasciamo questa prima parte e dedichiamo attenzione a un'altra teoria derivante dalla fisica quantica: la Teoria degli Infiniti Universi.

3. La Teoria degli Infiniti Universi paralleli o Multiverso.

Anche i modelli cosmologici sono stati rielaborati in conformità alla teoria delle superstringhe e in essi si è prevista l'esistenza di un Universo ciclico, senza un inizio né una fine, (dunque all'interno del tempo circolare) in un alternarsi ininterrotto di contrazioni e di espansioni.

Nei secoli, vi sono state varie teorie sulla composizione e funzionamento dell'Universo. Si ricordino, tra tutte, le concezioni geocentriche ipotizzate dai filosofi dell'antica Grecia, il modello eliocentrico postulato da Copernico e la concezione del modello a sistema solare di Newton.

Solo in seguito al perfezionamento delle strumentazioni, si è giunti alla scoperta che il Sistema Solare da noi conosciuto si trova all'interno di una galassia composta d'innumerevoli miliardi di stelle e che esistono numerosissime galassie simili. Gli studi sul comportamento di tali galassie hanno portato alla cosmologia moderna che sostiene che l'Universo conosciuto si stia espandendo e, forse, ha avuto un'origine in cui si presentava diverso.

Il modello scientifico dell'Universo, più accreditato, è quello del Big Bang, secondo cui da un primo momento in cui tutta la materia e l'energia erano concentrate, si è espanso fino ad assumere la forma attuale.

Inoltre, studi più recenti indicano come la così detta energia oscura stia accelerando l'espansione dell'universo e ci sia una gran parte di esso non rilevabile dalle strumentazioni scientifiche; la parte non rilevabile è stata definita (con un termine a mio parere inadeguato) materia oscura.

Già dal 1865, uno scrittore americano di nome William James, ha introdotto il termine Multiverso, per indicare l'esistenza di universi che coesistono di là da spazio-tempo. In tali universi, esistono copie di ognuno di noi perfettamente identiche, salvo che per piccoli dettagli.

Questa concezione fu riportata in auge e presa in considerazione, in seguito alle nuove teorie scientifiche, (tra cui quella delle corde) quando la scienza moderna ha preso atto dell'esistenza di possibili dimensioni parallele.

A oggi sono state postulate almeno quattro teorie sul Multiverso; io ritengo che la più interessante e reale, sia quella che scaturisce dalla teoria delle stringhe e delle superstringhe.

3. 1 La teoria delle membrane.

Si è già parlato delle superstringhe, definendole le corde vibranti che compongono la materia e si è detto che, secondo la M teoria, le corde si muovono in uno spazio di 11 dimensioni.

Le corde sono elementi infinitesimi, aggregati a membrane immerse in uno spazio molto più ampio detto iperspazio e ognuna di esse sarebbe un universo diverso.

Personalmente, ritengo che le stringhe, aggregandosi e interconnettendosi, diano luogo alle membrane, che si presentano, dunque, come composte di fili luminosi intersecantisi come in una trama, che definisco la "Matrice".

Secondo quest'ottica gli infiniti Universi sono, dunque, composti di stringhe di energia che, vibrando a una specifica frequenza (o lunghezza d'onda), si aggregano, dando luogo a particelle. Perciò infiniti universi paralleli possono coesistere all'interno delle stesse dimensioni (quelli che chiamo Piani Dimensionali di Esistenza*), perché vibrano a frequenze diverse. Tutto ciò è molto interessante, perché non è indispensabile considerare necessariamente le undici dimensioni della M teoria, ma è possibile riscontrare il fenomeno anche nelle già conosciute quattro dimensioni.

Questo significa che se noi prendiamo in considerazione le quattro dimensioni (tre spaziali + 1 temporale) in cui noi esistiamo, (il continuum spazio-tempo), in essa ritroviamo altri universi (li definisco Piani di Esistenza).

Gli Universi sarebbero in correlazione a due a due, infatti, sembra che a un Universo in espansione ne corrisponda uno uguale in contrazione. Inoltre è stata stabilita anche una correlazione di tipo temporale tra i due universi corrispondenti, ed essa è pari a 1/40.

Tale è la relazione temporale che intercorre tra essi.

4. Le Infinite scie quantiche.

Da quanto detto finora, sull'esistenza di svariati Piani di Esistenza o sugli infiniti universi paralleli in cui ogni cosa esiste, più o meno, simile a se stessa, si deduce che esistono Infinite scie quantiche (poste su un piano o su un altro o su un universo o sull'altro) in cui ogni cosa è realizzata già per ognuno.

Le scie quantiche sono filamenti di fotoni di luce, dunque si tratta di un particolare tipo di stringa che ha una sua specifica gamma di vibrazione, data dalla possibilità di oscillazione delle particelle di cui ogni soggetto (o sotto-campo) è composto. Si tratta cioè delle infinite possibili vibrazioni di uno specifico tipo di corda, date, a loro volta, dalle diverse combinazioni con cui si aggregano le particelle.

La definizione "più o meno simile" che si evince dalla teoria del Multiverso, è ciò che dà l'idea delle infinite potenzialità; infatti, se immaginiamo le scie di fotoni come parallele tra di loro, più una scia è lontana da quella in cui ci si trova, maggiore sarà la diversità di realtà che in essa si potrà trovare. Dipende da quanto grande sarà il salto (quantico) che ognuno vorrà compiere.

In questo otteniamo conferma dalla famosa frase di Einstein: "Sintonizzati sulla realtà che desideri e non potrai fare a meno di ottenere quella realtà...."

4.1 Il salto quantico.

A questo punto è indispensabile introdurre il concetto di salto quantico (già spiegato nel libro Il Delta) e chiarire cosa s'intende con tale definizione.

In estrema sintesi richiamo uno dei modi in cui si "manifesta" la realtà secondo la fisica quantistica.

Il quanto è il valore minimo definito e indivisibile di una grandezza fisica che può variare soltanto per multipli di tale valore. Si tratta della quantità minima di "materia sufficiente per essere studiata in laboratorio". Secondo la fisica quantistica, la realtà tutta, se osservata nella sua "manifestazione" sotto forma di particelle e non di onde, è fatta d'infinità di quanti di luce, detti fotoni.

I quanti di luce creano, dunque, la nostra realtà.

Immaginiamo di osservare una sequenza di tali punti luminosi che allineandosi uno dietro l'altro danno luogo a sottilissimi fili.

Immaginiamo che su ogni filo ci siano possibilità differenti di vita, dette, appunto, quantiche.

La realtà è così data da infinite scie di fotoni

che corrono, come linee parallele, ognuna con una determinata possibilità quantica.

Anche le possibilità quantiche sono, perciò, infinite. E' questo il principio su cui si basa la teoria della fisica dei quanti.

Secondo tale scienza esistono possibilità multiple per ogni singolo evento, in altre parole un unico avvenimento può dare origine a diversi risultati.

Tali possibilità esistono già, tutte realizzate, su scie diverse di fotoni. Significa che ogni possibilità è già stata creata ed è presente nel nostro Universo. Se si ha comprensione di questo e si desidera passare da un risultato a un altro, si può fare, in virtù di una sorta di salto, da una scia di fotoni a un'altra.

Tale è appunto il "salto quantico".

Perché sia possibile fare il "salto", cioè un cambiamento di scia quantica, bisogna conoscere a fondo su quale filo luminoso di fotoni la persona sia stata immessa (o si è trovata immessa, se si considerano le memorie biologiche) al momento della nascita. Infatti, nello spazio-tempo in cui gli esseri umani si trovano immersi, è necessario conoscere le coordinate del punto esatto in cui ci si trova, per decidere, con precisione, in quale altro punto spostarsi.

Una volta appreso il punto di partenza, gli strumenti "Onde cerebrali profonde" che si vedranno in seguito, insegneranno a compiere il salto quantico.

CAPITOLO II

Il "punto d'accesso alla Luce"

Tenendo conto di quanto detto finora, osservando l'evoluzione della fisica e della meccanica quantistica nell'ultimo secolo, ci si rende conto che tutto è possibile se si accede alla Grande Energia del Campo. A tal fine bisognerebbe scoprire "un mezzo di locomozione" che permetta di spostarsi dall'Universo in espansione, nel quale ci si trova, all'Universo in contrazione nel quale "ci si è trovati" 40 fa.

Un mezzo che permette di spostarsi da una scia quantica a un'altra e da una dimensione spaziale a un'altra, per prendere dall'Energia infinita ciò che si desidera, (e che esiste, già realizzato per ognuno) portandolo nella propria realtà.

Gli scienziati stanno appunto cercando il "mezzo", e questo è il motivo per cui da tanti anni si formulano sperimentazioni e ipotesi riguardo al teletrasporto, il viaggio nel tempo…

Quello che la scienza ufficiale sta ricercando è, però, - a mio parere - solo uno dei tanti modi possibili, infatti, basta ricordare che "esistono possibilità multiple per ogni singolo evento".

1. Spostarsi nei Piani Dimensionali.

Gli scienziati stanno formulando delle sperimentazioni sull'ipotesi che se si riuscisse a creare un buco nello spazio-tempo (la membrana elastica che avvolge la Terra) si produrrebbero delle bolle corrispondenti a varchi attraverso i quali raggiungere un altro Universo.

Pensano di poter creare il buco nello spazio-tempo concentrando un'immensa scarica di energia in un singolo punto e ripetendola, poi, in più punti.

Attraverso tali varchi, ritengono di poter inviare dei nano-board, cioè minuscoli robot, che trasporterebbero DNA umano portandolo nell'altro Universo per creare una civiltà uguale a quella terrestre. La stessa cosa che avviene con gli alberi che spargono i loro semi, creando individui uguali a se stessi.

Secondo loro questo sarebbe l'unico modo in cui il genere umano eviterebbe di estinguersi.

Come detto, questo è uno dei possibili modi, infatti, con l'uso delle onde cerebrali più profonde, si può attuare il cambiamento evolutivo senza rinunciare al corpo.

Con l'utilizzo consapevole delle onde delta, è, infatti, possibile:

• Individuare i punti d'intersezione spazio-temporale della membrana (Matrice) e attraversarli con immagini prese dal Campo, portandole nella nostra realtà;

• Individuare i punti d'intersezione dimensionali, in altre parole ciò che costituisce la Matrice Universale, così da entrare in contatto con un altro Universo; (quello in contrazione.)

• Creare, per ogni individuo, un buco spazio temporale; preparando il cervelletto, divenendo acrobati di Luce e, infine, utilizzando l'energia del cervello di gruppo, si può concentrare l'energia massima sul punto d'intersezione dimensionale che consente l'uscita dal tempo.

A mano a mano che le persone uscite dalla scia del tempo aumentano, il buco si allarga consentendo a un numero sempre maggiore di persone il passaggio nel Nuovo Mondo con il corpo, (non in altro universo nuovo, ma nella percezione di altro Piano Dimensionale) lasciandosi dietro la parte del vecchio Mondo che non ha innalzato le vibrazioni.

Tutto questo richiede una tempistica lenta,

perché il varco diviene, tanto più grande quanto maggiore è il numero delle persone che passa oltre.

Tuttavia so per certo che se noi sostituiamo il numero con la qualità, allora il varco si allargherà in maniera esponenziale.

La "qualità" è data, a ogni essere consapevole, dalla maestria nell'utilizzo delle onde cerebrali più profonde quali le epsilon. Un esiguo numero di persone simili è in grado di allargare il varco, consentendo il passaggio alle moltitudini. Attraverso l'utilizzo delle onde epsilon è, dunque, possibile superare la proporzione richiesta per l'innalzamento delle vibrazioni dell'intorno, che, finora, si è rivelata essere pari alla radice quadrata dell'1% e che ancora con le onde delta, doveva essere rispettata.

2. Ogni cosa esiste a cinque livelli, sul III Piano di Esistenza.

Se si pensa che ogni cosa per esistere nel mondo, debba - e possa - farlo a cinque livelli, e si tiene presente l'unitarietà della cosa stessa, si può comprendere il perché uno dei "mezzi" per "passare" nel nuovo Mondo possa essere anche solo Spirituale, così come lo è la maestria nell'uso delle onde cerebrali più profonde.

Gli esseri umani, infatti, vivono in quello che gli scienziati definiscono un Mondo tridimensionale. Tale definizione è funzione delle dimensioni spaziali in esso presenti. Perciò con un termine diverso, si può definire quello del mondo umano, come il terzo Piano di Esistenza.

Nel terzo Piano di Esistenza, l'essere umano deve potersi esprimere su almeno cinque livelli.

Non solo, ma ogni cosa che l'uomo può percepire ed elaborare attraverso il cervello si basa su questi cinque livelli:

1. livello Corporale e/o Materiale

2. livello del Desiderio

3. livello Emozionale

4. livello Intellettuale

5. livello Spirituale

Il Livello Corporale e/o Materiale.

Una delle caratteristiche del terzo Piano d'Esistenza, è che le particelle che plasmano la realtà sono aggregate per creare una forma ben precisa.

Che si tratti di un corpo umano o di animale, pianta o oggetto, ogni cosa si presenta secondo una determinata forma, conosciuta e catalogata dal cervello mediante un'immagine, cui corrisponde un nome. Qualora mancasse questo requisito e qualcosa si rivelasse fatta di materia disgregata e non delineata in una forma, ben precisa, si direbbe che non appartiene al terzo Piano di Esistenza.

Il livello del Desiderio.

E' un livello specifico, all'interno del quale, l'espressione dell'Essere è determinata dal desiderio. Si tratta del desiderio genericamente inteso e si definisce sessuale, per indicare la sua potenza creatrice. È dunque il livello istintivo, in cui ogni cosa si crea immediatamente poiché non è elaborata dal cervello razionale. Il desiderio così inteso è, infatti, una caratteristica del cervello biologico che non media con la razionalità o altre conoscenze acquisite durante l'esistenza. Esso è immediatamente comunicato al corpo, che tende a metterlo semplicemente in atto realizzandolo materialmente e/o corporalmente.

Il livello Emozionale.

A questo livello l'Essere si esprime con infinite emozioni che, tuttavia, possono essere raggruppate in due soli sentimenti.

Amore, che raccoglie le emozioni di gioia, bellezza, felicità, benessere, vivacità… in una parola tutto ciò che è dettato dalla creatività e che porta alla vita.

Odio, che raccoglie tutte le emozioni riguardanti la rabbia, il rancore, il risentimento, il

malanimo, l'ostilità, l'inimicizia, l'avversione...
in una parola tutto ciò che è dettato dalla paura
e che porta alla morte.

Secondo la scienza le emozioni fanno parte
della vita degli esseri umani, del Mondo
animale - rettili esclusi - e di quello vegetale.
Il livello emozionale è l'originario sistema di
scambio tra l'individuo singolo e il gruppo. E
tuttora esso è il principale motore di scambio
per gli esseri umani, nonostante la successiva
elaborazione del linguaggio verbale.

Il livello intellettuale.

A questo livello l'essere umano cataloga la
realtà attraverso il linguaggio. Dopo averla
compresa a uno dei livelli precedenti, il cervello
la trasforma in immagine, archiviandone il
contenuto nella zona della corteccia cerebrale.
Qui l'immagine oltre ad essere "archiviata"
è associata a un suono, che definiamo nome.
Da quel momento in poi, ogni qual volta il
cervello ascolterà quel suono, richiamerà quella
determinata immagine che gli corrisponde.
Questo accadrà anche quando si tratterà
di suoni simili pronunciati in altre lingue
sconosciute al soggetto che le ode.

Il livello Spirituale.

Questo è un livello forse intangibile ma esistente, come spiegano gli stessi scienziati. L'espressione della realtà sul terzo Piano di Esistenza corrisponde a un'onda rappresentante energia, e/o a una particella, della quale l'onda è la perfetta corrispondenza.

Prima ancora di esistere a livello Corporale, l'essere umano esiste a livello energetico. Egli è, originariamente, energia di consapevolezza e di evoluzione e rimane tale sul terzo piano di Esistenza.

Allo stesso modo tutto ciò che è tangibile su questo Piano, quindi tutto ciò che si manifesta a livello corporale-materiale, ha una sua specifica energia.

Per tornare al discorso iniziale, bisogna tenere sempre presente che i cinque livelli appena descritti, sono diverse sfaccettature di un'unica realtà; per esempio sono le cinque sfaccettature di un unico essere umano. Quest'unitarietà, non deve essere mai dimenticata, perché è ciò che definisce l'essere nel suo insieme.

Poiché l'essere (in questo caso l'essere umano) è un'unità, i suoi cinque livelli dovranno essere sempre allineati tra di loro perché ci possa essere equilibrio; essi stessi tenderanno sempre al bilanciamento reciproco, pena la frammentazione dell'essere.

Questo fatto è molto importante, perché permette di eseguire una qualsiasi cosa riguardante l'Unità, a un qualsiasi livello, avendo la certezza che gli altri livelli si omologheranno naturalmente a questo.

Si può, dunque, ottenere qualcosa di corporale-materiale, avendolo elaborato solo al livello spirituale poiché si può accedere a qualsiasi cosa da ognuno dei cinque livelli.

Un essere umano è un'entità unica e qualsiasi cosa fatta su uno dei suoi cinque livelli, sarà fatta automaticamente anche negli altri.

Perciò il viaggio dimensionale, per esempio, può essere effettuato a livello spirituale senza necessariamente coinvolgere il corporale, perché è possibile trasporre i benefici ottenuti, anche sugli altri quattro livelli.

Per me il modo più facile per accedere alla grande energia dell'Universo, nell'esatto punto voluto, è il livello Spirituale, ossia mediante l'interferenza costruttiva d'onda tra essere umano e Campo, o Universo che dir si voglia.

3. Sono stata, sono e sarò, potenzialmente tutto.

L'interferenza costruttiva d'onda tra essere umano e Campo è consentita dall'utilizzo consapevole delle onde cerebrali più profonde.

Si tratta delle onde che oscillano tra 0,1 e 0,5 cicli -delta ed epsilon- e quelle con frequenze superiori a 200 cicli il secondo, quali le lambda.

Con il primo di questi mezzi spirituali, le onde delta, si può accedere a una situazione che nell'Universo in Contrazione è avvenuta quaranta fa, secondo una scia quantica simile a quella attuale, in un determinato Piano di Esistenza.

Dopo averla raggiunta e "vista", posso creare una determinata cosa sul Piano di Esistenza nel quale esisto anche a livello corporale, nel tempo lineare: dunque qui e ora.

Poiché in ogni dove, in ogni dimensione sono sempre io, ciò che creo mi appartiene già, nel non tempo, perciò comincia a manifestarsi dal

Piano di Esistenza nel quale l'ho modificata, variando lo stato di me in ognuno degli altri undici Piani di Esistenza (secondo la M-Teoria sono 10) sui quali esisto, affinché io possa essere, sempre, la stessa persona.

Una cosa variata su uno specifico Piano di Esistenza, necessariamente dovrà mutare anche negli altri 11.

Ciò perché, per dodici volte io sono, in un modo specifico, secondo una scia quantica ben precisa, in due determinati Universi; così come altre dodici volte sono in altro modo su diversa scia quantica in altri due Universi; e questo per infinite volte su infiniti Universi.

3.1 Si parte dalle onde cerebrali delta.

La M Teoria è la spiegazione della ragione per cui l'interferenza costruttiva d'onda con il Campo, può avvenire solo a cominciare dalle onde delta e in particolar modo dal gruppo di onde definite ipergamma. Infatti, si è osservato che tale teoria, presuppone undici dimensioni in cui ogni cosa esiste uguale a se stessa, dunque si avvicina moltissimo alla mia personale concezione di dodici Piani di Esistenza. (come spiegato nel libro Il Delta; la legge delle dimensioni).

Per quanto riguarda le onde meno profonde, fino alle theta, so per certo che non sono efficienti oltre il settimo Piano di Esistenza, perché per viaggiare, hanno bisogno di un mezzo che le sostenga (l'aria) mentre dopo la settima dimensione non vi sono mezzi, neanche l'etere; perciò esse sono in grado di cambiare la realtà solo su sette dimensioni, nelle restanti cinque fanno interferenza distruttiva d'onda perciò non riescono a cambiare lo stato dell'Unità fino al dodicesimo Piano di Esistenza.

Il cambiamento fatto, poiché parziale, dura,

dunque, poco tempo; esattamente il periodo in cui l'essere trova automaticamente la sua Unità riequilibrando tutti e cinque i suoi livelli (propri del III Piano di Esistenza), ma, a un certo punto, poiché non riesce a fare il cambiamento in tutte le altre dimensioni, (l'informazione non arriva perché l'onda theta non raggiunge tali dimensioni) e poiché è condizione necessaria che l'essere umano debba essere uguale a se stesso in tutte le dimensioni, il cambiamento regredisce, per far sì che esso sia uguale dal settimo al primo Piano di Esistenza come lo è rimasto dall'ottavo al dodicesimo.

Questo il motivo per cui le theta si fermano, tornando indietro: perché non superano il settimo Piano di Esistenza; le onde delta e oltre (tra quelle più profonde) e le lambda (tra quelle più alte), arrivano fino al dodicesimo P. di E. e molto oltre ancora, perciò l'essere -che è sempre lo stesso- cambia in dodici dimensioni e ogni cosa, come in un domino, si materializza anche nella terza dimensione.

4. Ogni cosa è Tutto, dunque di per sé indeterminata.

Si può dedurre che innalzando la propria vibrazione personale (il proprio livello di energia) almeno fino allo stato delta si ha accesso al Tutto Infinito, perché solo da questo punto in poi le onde cerebrali sono IMMEDIATE, in altre parole viaggiano anche in assenza di un mezzo che le sostenga.

Le onde delta consentono al cervello di spostarsi tra due universi paralleli (uno in espansione e uno in contrazione) portando informazioni su ciò che è avvenuto alla medesima persona 40 fa. Inoltre tali onde sono immediate ma non istantanee, e ciò significa che, per quanto rapide, viaggiano a una velocità inferiore a quella della luce seguendo, nella loro azione di materializzazione, una sequenza di tipo temporale-lineare.

E questo è quanto fino a ora.

A oggi, possiamo introdurre anche un nuovo argomento: le onde epsilon.

Bisogna sapere che per dare immediatezza all'azione di ri-equilibratura attraverso le onde delta, bisogna avvalersi della cassa di risonanza del cervello di gruppo.

4.1 Il Cervello di Gruppo.

Per una migliore comprensione è necessario introdurre questo concetto.

Si è detto al capitolo 1.4 (Vi è una fonte di Energia Infinita nel nostro Universo) che due onde sono in fase quando entrambe hanno un punto di massimo o minimo allo stesso momento anche se hanno frequenze o ampiezze diverse. Entrare in fase vuol dire, dunque, entrare in sincronia.

Una delle caratteristiche più importanti delle onde è che codificano e trasportano informazioni.

Quando due onde sono in fase, e si sovrappongono - interferiscono - avviene uno scambio d'informazione che è detta interferenza costruttiva.

In seguito all'entrata in collisione di due onde, ognuna contiene informazioni sull'altra in forma di energia codificata e in più tutte le informazioni che già conteneva.

Le onde hanno una capacità infinita di accumulare informazioni. Tutti gli elementi contenuti nel Campo comunicano, dunque, attraverso le onde e se alcuni di tali elementi si riuniscono, creano dei sotto-campi.

Perciò ogni cervello umano può essere considerato un sotto-campo. In una sala piena di gente, ogni cervello è in comunicazione diretta con tutti gli altri, per contiguità e vibrazione d'onda poiché tutti intenti ad ascoltare la stessa voce, gli stessi suoni o la medesima musica, dunque le stesse onde, che giungono al cervello attraverso le immagini.

In un caso del genere, i cervelli dei presenti creano una rete unitaria che, a sua volta, è una Matrix o un sotto-campo molto più ampio di quello di un singolo cervello, perciò si definisce "cervello di gruppo". Una tale Matrix funge da cassa di risonanza per ogni singolo elemento, e fa sì che, se solo una quantità pari all'1% dei cervelli che compongono il gruppo, è in armonia, riarmonizzerà tutti gli altri attraverso il passaggio d'onda nella cassa di risonanza …

4. L'Onda Epsilon.

Esiste un'altra onda, emessa dal cervello umano, che è in risonanza diretta con l'Universo e non ha bisogno di espandersi attraverso il cervello di gruppo.

Essa è di rii-equilibratura immediata per il singolo individuo e non ha necessità di alcuna, seppur minima, quantità di persone per facilitare l'entrata in essa e utilizzarla a livello consapevole.

Infatti, il cervello di gruppo, così come ogni cosa su questo Piano di Esistenza può funzionare in un senso e nell'altro. Attraverso di esso si possono far risuonare sia armonia ed equilibrio, sia immagini o concetti disgreganti quali per esempio la "Crisi Economica" o la necessità di una guerra, o l'idea di battaglie "buone" e così via...

È dunque necessario rendersi indipendenti anche dal cosiddetto cervello di gruppo, che pure, come visto fino a oggi, può essere una bellissima energia per facilitare il lavoro di armonizzazione.

La nuova onda consente di portarsi nel Campo e di comunicare con il Tutto quantico. Non si tratta più di apprendere informazioni dall'universo in contrazione in cui ogni cosa è già avvenuta 40 fa, limitando la consapevolezza a un solo tipo di realtà (o a una piccola percentuale di scie quantiche), ma permette di accedere a qualsiasi possibilità quantica presente nell'Universo.

L'onda cerebrale che consente la massima indipendenza è l'onda Epsilon, infatti, una volta agganciata, porta alla sincronia con l'Universo e al tempo circolare.

Vediamo cosa gli studiosi del settore, conoscono a oggi dell'Onda Epsilon.

Epsilon/Lambda
Onda d'Amore

CAPITOLO III

Onde Ipergamma.

Recenti sperimentazioni EEG hanno rilevato frequenze cerebrali molto elevate, sopra le onde definite Gamma, attestantisi in frequenze che giungono fino a 100 cicli il secondo (Hz). Queste sono state denominate Onde Ipergamma.

Sono poi state individuate onde con frequenze persino maggiori, pari a 200 cicli il secondo, denominate Lambda.

D'altro canto sono state rilevate anche onde con frequenze molto più basse delle onde Delta, inferiori a 0,5 cicli il secondo, denominate Epsilon.

Queste "nuove onde cerebrali" sono state rilevate in persone con stati elevati di auto-consapevolezza, capacità di accesso a livelli superiori d'informazione, intuizioni, abilità psichiche ed esperienze extracorporee.

1. Ciò che si sa delle onde epsilon nel Mondo (ufficialmente).

Si è osservato che i ritmi Theta e Gamma interagiscono anche con questi nuovi schemi cerebrali per aiutare la concentrazione olografica delle informazioni cerebrali in immagini, pensieri e memorie comprensibili. "... il cervello irradia le onde gamma (34-60 Hz): esse sono preposte a connettere spazio e tempo. Attraverso la memoria e la coscienza, elaborano un'immagine complessiva del mondo".

Solo di recente alcuni ricercatori, in diverse parti del mondo, si sono avventurati nello studio di ritmi cerebrali considerati straordinari, perché solo pochi meditatori molto esperti sanno raggiungerli consapevolmente.

Il primo è il ritmo gamma, che con le sue frequenze dai 30 ai 100 Hz si situa sopra il normale stato di veglia attiva, indicando un grado di vigilanza tanto accentuato da farlo considerare un "super beta".

Gli scienziati l'hanno rilevato studiando il

cervello di alcuni monaci tibetani mentre meditavano sulla compassione amorevole. Questo ritmo è associato a esperienze mistiche accompagnate da una grande espansione della consapevolezza.

Sono stati inoltre individuati due ritmi cerebrali che presentano frequenze molto basse (<0,5 Hz), o assai elevate (>100 Hz) e chiamati, rispettivamente, ritmi epsilon e lambda; entrambi sembrano presentare una sincronizzazione, pressoché perfetta, dell'attività elettrica dei due emisferi cerebrali e accadere durante stadi di meditazione eccezionali.

Questo quanto è stato scritto su quelle che sono definite "nuovo tipo di onde".

Non si trovano immagini che le illustrino. Al momento si trovano solo grafici di elettroencefalogramma che individuano le onde ipergamma, mentre non ne esistono che raffigurano specificamente le onde lambda ed epsilon.

Nel grafico seguente si veda un'ipotetica ricostruzione di quanto detto finora.

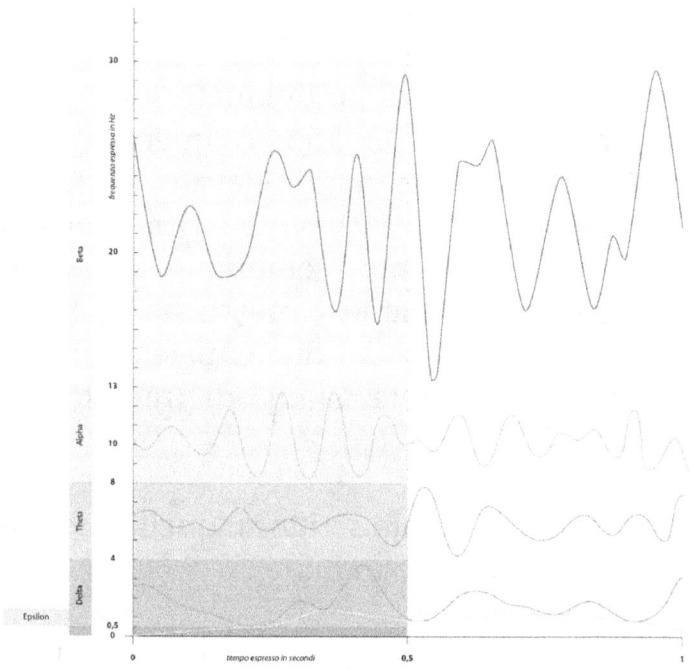

2. Ciò che io so delle ONDE EPSILON.

Prendo spunto da quanto appena detto per ricordare di quanto scritto nel libro Il Canto delle Carte, nella sezione che illustra la necessità, per gli individui di questo tempo storico, di avere caratteristiche simili a quelle definite del "cervello doppio". In quello scritto si parla di tale peculiarità per illustrarne il potenziale di massima adattabilità a qualsiasi evento, ora, però, si può comprendere un altro livello del perché acquisire tale caratteristica sia importante, ai miei occhi.

Solo così, infatti, si può accedere a questo tipo di onde che presuppongono - come scritto dai ricercatori - l'utilizzo contemporaneo dei due emisferi del cervello, in perfetta e totale sincronia…

Infatti, parlando di queste nuove frequenze d'onda, la letteratura ufficiale le descrive nel seguente modo: "Sono associati a stati di coscienza estatici che donano ispirazione, informazioni e livelli di consapevolezza molto elevati, con un profondo senso d'interezza e integrazione dell'essere"… e continua "Emerge un fatto interessante: sembra che qui gli estremi opposti s'incontrino in una medesima esperienza".

Dal mio punto di vista posso comprendere con facilità perché due onde situate ai due estremi di una linea, possano raggiungere gli stessi risultati o "incontrarsi in una medesima esperienza": semplicemente la linea è un cerchio, poiché tali onde esplicano la propria azione nel tempo circolare.

Le onde lambda ed epsilon si misurano sempre all'interno della stessa onda e non sono separabili, perché una è l'estremo opposto dell'altra, dunque, l'una l'inizio dell'altra e viceversa.

In base alla mia consapevolezza, vibrazione e frequenza sono inversamente proporzionali, perciò: a un numero inferiore di cicli il secondo (onda lenta) corrisponde una vibrazione maggiore e viceversa, ma poiché epsilon e lambda - pur avendo specifiche proprietà e caratteristiche - sono l'una l'inizio e la fine dell'altra, in questo caso avremo vibrazione maggiore sia con le epsilon sia con le lambda, ossia sia in uno stato di frequenza molto bassa (onda lenta) che in uno stato di frequenza molto alta (onda veloce).

Le onde EPSILON attivano la capacità di vista

interiore anche con gli occhi aperti; significa vedere il Tutto, l'energia e il corpo energetico di tutti gli esseri, conoscere i pensieri degli altri e parlare con persone lontane vedendole e sentendole, mentre si tengono gli occhi aperti e si è in stato di veglia. Esse consentono l'attivazione totale di tutte le onde cerebrali contemporaneamente, perché oscillano dal picco massimo a quello minimo, coprendo tutta la gamma di onde finora conosciute. Perciò danno luogo alla creazione istantanea della realtà contingente senza doverla cambiare prima in altri Piani dimensionali, ma direttamente al III P. di E.

Consentono, quindi, di materializzare e smaterializzare.

Le onde EPSILON sono molto profonde e lente, si muovono sotto gli 0,5 cicli il secondo; ma su esse, e più precisamente sulla cresta dell'onda, è possibile misurare contemporaneamente le onde lambda, molto più veloci e aventi 200 cicli il secondo.

Questo fa sì che le percezioni interiori siano assorbite nei cinque sensi tridimensionali e le sensazioni interiori possano essere percepite coscientemente mentre ci si trova nella forma tridimensionale.

So per certo che più si apre la mente, più si espande il cervello, perciò attivare le onde epsilon significa accedere ad altri ritmi e frequenze ancora sconosciute.

Le onde combinate lambda ed epsilon è il mezzo per passare il piano mentale in quello materiale, dunque, modificare la Matrix Personale in cascata (v. libro Il Delta).

Il piano materiale è il risultato della realtà costruita sul piano mentale che "scendendo" (dallo Spirituale al Materiale) si realizza e lo fa attraverso un'interazione olografica, a condizione che il cervello sia in grado di leggere tale nuova realtà e per poterlo fare usa onde che lavorano assieme e contemporaneamente nell'ultra alto (lambda) e nell'assai basso (epsilon).

Le onde Epsilon sono vibrazioni elettromagnetiche verso lo spettro azzurro della luce (luminosità bianco-azzurra) e risuonano in una zona del cervello posta alla base del cervelletto, più esattamente dentro ciò che, per la sua forma di mandorla, chiamo l'Amigdala del cervelletto umano.

In questa zona si trova il punto di passaggio dall'IDEA alla MATERIA; dal pensiero di una cosa alla sua materializzazione, data dall'incontro tra la massima profondità raggiunta dalle onde lambda e la maggiore attività - o frequenza- raggiunta dalle onde ipergamma.

Sulla cresta, ossia nel punto d'incontro tra le due tipologie di onde, si forma il fenomeno delle epsilon che, dunque, sono ciò che permette alla massima attività - spesso vana - delle ipergamma di materializzare l'idea attraverso la profondità delle lambda che giunge fino alla materia.

Le Epsilon possono essere intese come il bosone di Higgs; sono quelle onde attraverso le quali la materia si aggrega sotto una forma specifica voluta dalla mente. Senza di esse la materia avrebbe solo una vibrazione - data dalle ipergamma - e una connotazione di particelle luminose e disgregate che, potenzialmente, possono essere tutto. Sappiamo dalla fisica che a uno stato di particella della materia corrisponde uno stato d'onda, dunque, le particelle "in grado di essere tutto", ossia prive di determinazione, sono individuabili come onde lambda.

Quanto appena detto implica che lo stato della materia non è doppio (come provato in laboratorio con l'esperimento della doppia fessura), ma triplo, perché essa si può osservare sotto forma di particella, di onda e di vibrazione....

Osserviamo dunque le corrispondenze di vibrazione e colore delle onde prese in considerazione in questo scritto:

• La vibrazione delle onde delta corrisponde alla V nota musicale e il suo spettro è rosso (particelle di luce dorata)

• La vibrazione delle onde lambda corrisponde alla VII nota e il suo spettro è verde (particelle di luce bianca con sfumature verdi)

• La vibrazione delle onde epsilon corrisponde alla IX nota, e il suo spettro è azzurro (particelle di luce bianca con sfumature azzurre).

Il cervello umano può intercettare la luce azzurra dal 500* Piano di Esistenza, a riprova del fatto che non si può intercettare consapevolmente tale onda se prima non vi è stato grande esercizio con le onde delta.

Si è detto e ripetuto che nell'Universo niente esiste se non vibrazioni, onde o -se si preferisce - particelle, perciò perché qualcosa esista, sotto qualsiasi forma, bisogna averne prima l'immagine nel cervello che, solo dopo, la proietterà all'esterno sotto forma di vibrazione d'onda variata, ossia con la vibrazione specifica data dall'aggregazione di una serie di elementi o particelle particolari.

Il cervello aggrega gli elementi creando un sotto-campo o una Matrix, (connotata da una vibrazione, un'onda e un aggregato di particelle; sarà cioè composta, come sempre, da paralleli e meridiani dati da punti di luce, e avrà un suo suono specifico che la contraddistingue in tutto l'Universo) che poi trasmette all'esterno, così che anche gli altri cervelli la vedano.

Per fare un esempio: prima io mi percepisco giovane, solo dopo gli occhi delle altre persone mi vedranno giovane.

Ognuno proietta un'immagine e lo fa in virtù di ciò che ha chiaro a se stesso, così chi ha molta consapevolezza può proiettare, per esempio, una propria variata immagine corporale in modo tale che anche gli altri la vedano nel nuovo modo, perché giunge loro con uno spettro d'onda diverso, corrispondente cioè alla nuova immagine di sé che il soggetto possiede.

Il cambiamento d'immagine - non solo corporale - e la sua proiezione all'esterno, attraverso le onde epsilon è fattibile in tempo reale, tuttavia PRIMA DI MATERIALIZZARE qualsiasi cosa BISOGNA SMATERIALIZZARLA.

Ogni volta che si vuole materializzare qualcosa,

infatti, bisogna prima smaterializzarla dalla forma originaria perché, per una convenzione della fisica, niente può esistere sul III P di E contemporaneamente con due forme diverse, dunque due corpi non possono occupare lo stesso spazio- almeno per ora-.

Tornando all'esempio d'immagine del corpo, prima di riuscire ad aggregare, dunque a proiettare all'esterno la nuova immagine, si dovrà necessariamente smaterializzare la vecchia, renderla irriconoscibile, estranea, al cervello. Se con le onde delta si è imparato a sostituire un'immagine con un'altra semplicemente proiettando la nuova forma che, automaticamente, scalzava la vecchia e la allontanava a mano a mano, progredendo nel cambiamento secondo un ritmo lineare, ora si parla, invece, di un repentino cambiamento radicale di tale immagine e della sua relativa proiezione all'esterno, con conseguente percezione dall'intorno.

Si tratta della stessa differenza sottolineata da Einstein nella teoria della Relatività generale, con il termine "istantaneo" che è diverso da "immediato".

Per fare questo bisogna utilizzare un tipo d'onda che consenta qualcosa di diverso, e le onde epsilon permettono la disgregazione della materia - o dell'immagine -sotto forma di particelle singole e l'aggregazione delle stesse con una forma ben precisa e nuova, attraverso la coesione delle singole particelle data dalla vibrazione massima lambda e dalla frequenza altissima, ipergamma.

Nel particolare: le particelle si aggregano sotto una forma, pensata mentre si è nella vibrazione epsilon, e quest'ultima imprime una sorta di accelerazione tale per cui le particelle rimangono coese sotto quella forma.

Se si dovesse re-intervenire con le lambda, tale coesione verrebbe a mancare, causa vibrazione massima delle particelle e conseguente disgregazione dalle altre, perché verrebbe a mancare la frequenza "terrestre", dunque l'accelerazione necessaria a mantenere un corpo coeso all'interno della convenzione della gravità in questo pianeta.

Ne consegue che quando una cosa deve essere materializzata con le epsilon, bisogna che prima sia smaterializzata dalla forma che ha già, con l'utilizzo delle lambda.

Questo implica l'azione contemporanea di:

DESIDERIO, EPSILON, AZIONE.

In questa situazione, tutto il cervello lavora contemporaneamente in ogni sua singola parte e in ogni sua peculiarità. Significa che nel cervello, in quell'istante, sono accesi contemporaneamente tutti i relais; e, osservandola con strumentazioni adatte, si presenta come una centrale elettrica, tutta illuminata. Se preferite, dal punto di vista della biologia conosciuta e applicata agli esseri umani, il cervello è in una situazione di "pre-morte".

Significa che convenzionalmente si trova in una situazione non buona o, almeno, non attiva, mentre per quanto ne so io - dunque una volta usciti dalle convenzioni di tipo umano- l'essere, in quel momento è in grado di TRASMUTARE.

Sciogliere i legami nucleari di una forma e riaggregarli in un'altra, equivale a TRASMUTARE.

Questo è corretto in alcuni casi quando si vuole cambiare un'energia in un'altra, in altri casi, tuttavia, è bene poter andare oltre alla legge di causa-effetto che è ciò che nel III P di E esige che non vi siano mai due elementi perfettamente identici nello stesso spazio. Per uscire dall'energia di causa-effetto, bisogna lasciare il tempo lineare ed entrare in quello circolare. In esso, un soggetto può essere contemporaneamente ovunque, senza dover trasmutare il corpo e senza duplicare niente, ma tenendo l'unità dell'originale, se vuole.

Significa che esso è UNO fuori dal tempo e dallo spazio ed emana la sua energia affinché chi si trovi nel tempo e nello spazio lo percepisca molteplice.

Qualcuno in grado di fare una cosa simile, è naturalmente OLTRE il tempo e lo spazio, è in grado, cioè, di entrare e uscire a suo piacere da tali elementi.

Bisogna comunque ancora tenere presente un principio base che è il seguente:

IL MONDO DEL TERZO P. DI E. E' FINITO, NON ANCORA INFINITO

Perciò la Trasmutazione è ancora necessaria, perché questo mondo è concepito come finito, ma se si lavora su altri P di E, tutto è infinito e non vi è bisogno di smaterializzare per poi materializzare, basta portarsi nel campo del Punto Zero e aggregare le particelle sotto la forma voluta.

Presto anche la Terra sarà nell'infinito e allora si potrà procedere nello stesso modo, ma quando accadrà, non saremo più nel III P di E, bensì nel Nuovo Mondo.

3. Differenza tra Onde Delta ed Epsilon.

Le onde theta preparano nell'immaginazione ciò che poi si fa in delta.

Le onde delta armonizzano, trasformano etc. e, pure se viaggiano senza mezzo, cioè si propagano immediatamente nell'Universo o - se si preferisce - nel Campo, tuttavia portano in sé un elemento di sequenzialità. È come se per essere più facilmente utilizzabili sul III P. di E. esse assorbissero, in qualche modo, strascichi di quel tipo di energia.

Si deve uscire dal tempo lineare per giungere a utilizzare le onde epsilon, e si fa con le potenzialità delle delta.

Ora, tale condizione, consente non solo di utilizzare le epsilon, ma anche di mantenerne inalterate le peculiarità, esse, infatti, hanno perso ogni sequenzialità e funzionano in senso antiorario, ossia sono nel tempo circolare, dunque istantanee e nell'infinito presente.

"Istantaneo" è una vibrazione che corrisponde all'oscillazione epsilon.

Per accedere a tale vibrazione, bisogna però apportare una variazione alle cellule del corpo, (per chi nel suo cammino ha deciso di passare oltre con il corpo), ed esso deve subire dei cambiamenti per sincronizzarsi con il cervello di cui si stanno utilizzando e ampliando, sempre più, le potenzialità.

È, perciò, necessario innalzare ancora la vibrazione delle cellule del corpo.

Per operare al meglio con le onde delta, si devono innalzare la vibrazione e la trasmissione delle cellule alla velocità della luce, ora però non è più sufficiente se si vuole operare al meglio con le onde epsilon, perché la vibrazione della luce non è la massima cui si possa accedere.

La vibrazione massima è data dall'Infinito.

Se si vuole entrare nell'Infinito con il corpo, bisogna imparare a vibrare come e con l'Infinito.

Con la vibrazione cellulare così elevata il corpo tende alla dissolvenza, diventa cioè etereo perché le cellule sono meno coese.

Il corpo diventa duttile e fluido, pronto così ad adattarsi per assumere - di volta in volta - la forma migliore in assoluto.

Dal momento in cui si cambia la vibrazione, il

corpo comincia a divenire fluido e, già nell'arco di una decina di giorni, il cambiamento è percettibile dall'esterno.

A quel punto il tempo scorrerà in modo diverso. Il soggetto sarà sempre sulla cresta dell'onda e non avrà più bisogno di una tecnica specifica per creare qualcosa, gli basterà solo pensarla intensamente.

L'attuale Mondo sta andando verso la deriva spazio temporale e tutto è accelerato; il momento è sempre più vicino, molto velocemente la vita cambia in ogni singola cosa. Tutto questo sta accadendo affinché ognuno possa vedere la guerra tra bene e male e comprendere che è passata e ora si è nell'Oltre. Ormai è chiaro che la guerra da cui bisogna allontanarsi è l'eterna contrapposizione tra due opposti.

Si è detto che

L'umanità è a un bivio: o evolve o si estingue.

Questa l'informazione giunta e il motivo per cui gli scienziati cercano di trovare, o creare, il buco nello spazio-tempo che pensano essere l'unico modo per evitare l'estinzione...

Ancora una volta bisogna ricordare che secondo la scienza della quantistica, esistono possibilità multiple per ogni singolo evento, in altre parole un unico avvenimento può dare origine a diversi risultati.

Questo il motivo per cui personalmente ho espresso l'intenzione di conoscere il modo per volgere il Mondo verso l'evoluzione, giungendo a comprendere che AMORE (a-more) è l'unica emozione che funziona.

So per certo che l'onda epsilon corrisponde alla vibrazione d'Amore.

Per giungere a provare costantemente l'Amore Incondizionato, è necessario attivare alcune zone del cervello per l'utilizzo consapevole delle onde epsilon e decidere di determinare la propria realtà.

4. Attivare le Onde Epsilon.

Bisogna cominciare aprendo i dotti ghiandolari del cervello che attraversano il tronco encefalico. Si tratta di filamenti elettrici di connessione cranio-sacrale e riguardano tutta la Kundalini, dal sacro fino al cervelletto.

Inoltre bisogna tenere conto che già ora è cambiata la frequenza dello SPETTRO D'ONDA DELLA VIBRAZIONE TERRESTRE; il Pianeta ha, dunque, una diversa frequenza di vibrazione. In virtù di quanto detto, significa che sono cambiati anche l'emissione del colore della Terra e il suono da essa prodotto nell'Universo.

Bisogna intercettare e seguire la nuova frequenza, ma per farlo è necessario attivare alcune parti del cervello e la quinta elica del DNA.

La quinta elica attiva, per gli esseri umani, è correlata alla connessione energetica all'Energia dell'Universo.

Una volta fatto questo, bisogna riattivare altre parti del cervello e in particolar modo la fascia che, partendo dal lobo frontale, passa sopra l'orecchio e giunge al cervelletto (come una coroncina), sia a sinistra, sia a destra.

Le onde epsilon sono prodotte nell'amigdala posta nella zona centrale del cervello. Non la stessa individuata nel cervelletto (che, si è detto, essere il punto in cui le epsilon risuonano), bensì nella zona della ghiandola Pineale.

Qui è l'emissione delle onde epsilon, è la centrale di tutto il cervello e il comando di tutto.

Perciò, attraverso la meditazione profonda, bisogna riattivare tutte le potenzialità di questa zona, compresa la parte a forma di calice sotto l'amigdala.

5. Cambiare il modo di ragionare.

Altra cosa importante, è cominciare a determinare, consapevolmente, la propria realtà.

Alcuni anni fa, in un momento di meditazione, percepii questa frase, sulla quale in seguito ho riflettuto a lungo:

"Si pensa che sia tutto Uno e determinato, ma ogni cosa è in Tutto, dunque per se stessa indeterminata".

Quando ho compreso il vero significato di questa frase, ogni cosa ha cominciato ad accadere per me con ritmo sempre più serrato.

La prima cosa che dovetti fare fu di ragionare diversamente, perciò trascrissi la frase più e più volte; quando infine la scrissi nel seguente modo iniziò la mia comprensione a livello profondo:

"finora si è pensato che tutto deve essere riportato all'Uno ma questo determina (definisce, riporta dunque nel "finito", esclude l'infinito…), nella realtà Tutto è in tutto, dunque di per sé indeterminato".

Da qui ho compreso che: non esistono cose (determinate), ma sussistono solo possibilità (indeterminate) e in ognuna di esse è già contenuta ogni cosa.

Siamo noi che trasformiamo una qualsiasi di queste possibilità in qualcosa.

Siamo, dunque, noi che determiniamo le cose, e invece siamo abituati a pensare che le cose esistano e ci adattiamo a esse.

Cerco di spiegare meglio il concetto con un esempio semplice: una donna entra in una profumeria e compra una crema per il viso che assicura la diminuzione delle rughe superficiali. Questa è una possibilità, ma nella natura della crema è contenuta anche la possibilità di darle giovinezza per sempre utilizzandola per sempre, ma lei può anche determinare di avere giovinezza per sempre con una sola applicazione, e così via…può volgerla a tutto ciò che vuole perché in quella crema -come in ogni cosa - è già contenuto tutto.

Invece pensa che la cosa esista già, cioè si convince che quella crema può solo fare diminuire le rughe più leggere, e si adatta a essa, ottenendo il risultato previsto. Altre volte la donna sceglierà di determinare la situazione, ma lo farà solo in "negativo", per esempio penserà che di un'altra crema che non possa fare niente e non la comprerà. Talvolta, in preda a conflitto di direzione, la acquisterà e la userà pur essendo convinta che non funzionerà, ottenendo quanto desiderato: la crema non funziona.

Nella realtà, in quest'ultimo caso, dovrebbe essere molto felice perché ha determinato con esattezza, secondo la propria volontà, una possibilità peraltro non prevista dalla casa produttrice della crema stessa.

Questo comportamento, molto diffuso, è stato funzionale alla vita nel mondo, fino a ora.

Negli scritti precedenti ho approfondito il concetto della massima adattabilità delle persone per farle vivere bene qualsiasi fossero le condizioni esterne; ora è giunto il tempo di cambiare le condizioni esterne semplicemente determinandole, e questo al fine di consentire, a una buona parte di umanità, di evolvere evitando l'estinzione.

Ciò che non funziona più ai fini evolutivi, non è l'umanità ma le condizioni esterne - da essa stessa determinate -che sono ormai obsolete e implicano soluzioni di adattamento troppo macchinose.

Si pensi per esempio all'adattamento alle disarmonie; esso è divenuto talmente importante da produrre alternativamente la soluzione, cui segue necessariamente un nuovo tipo di disarmonia per la quale è necessaria una nuova soluzione, e così via. Ciò non può continuare all'infinito, è ormai troppo complesso per il cervello umano, perché esaurisce la sua portata e lo tiene fermo nello stesso punto senza consentirgli di evolversi. Questo vale per ogni settore della vita umana. Ecco perché si è giunti ormai a questo bivio.

L'errore che si fa spesso, anche quando ci si orienta verso la consapevolezza, è voler cambiare una realtà con un'altra. Fino a ora, questo ha consentito di vivere meglio, ma ormai non è più sufficiente per chi desidera l'Oltre.

Ciò che bisogna fare adesso è accettare tutte le realtà.

Per esempio posso pensare: "Si può vivere bene senza mangiare alcuni cibi", ma questo è cambiare una realtà con un'altra ed è solo l'inizio.

Determinare la propria realtà invece, consiste - una volta scambiata la propria realtà con un'altra - nel porsi la domanda "perché non posso vivere bene anche mangiando quelle cose?" Perché scegliere? Perché non entrambe le cose secondo la situazione?

È tempo di andare oltre e questo lo possiamo fare attraverso l'uso delle epsilon.

Bisogna

MANTENERE COSTANTE LO STATO DI AMORE INCONDIZIONATO PER OGNI EVENTUALITA' DELL'UNIVERSO...

Sappiamo che pensare costantemente qualcosa fa divenire quella cosa, così il costante pensiero d'Amore fa diventare Amore.

Continuare a prendere elementi vecchi (tipici del Mondo), non permette di entrare nello stato d'amore incondizionato, perché si pone un limite alle eventualità dell'Universo.

Per esempio la biochimica dice che la produzione scorretta di proteine provoca cambiamenti nel corpo quali per esempio l'invecchiamento e che, tale produzione scorretta, è data dall'abuso emotivo, che significa squilibrare la cellula con una determinata emozione ricorrente creando così "dipendenza emotiva".

È naturale pensare che, a queste condizioni, nessuno andrà a cercare, provare e coltivare l'Amore incondizionato, perché vi assicuro che esso - una volta ritrovato - dà dipendenza emotiva.

Vi posso anche assicurare che mai squilibrerà la cellula, anzi la alimenterà nella sua completezza risvegliando anche parti di essa ancora dormienti...

Se si continuano ad ascoltare e applicare sul corpo conoscenze tecniche e convenzioni dalle quali si è ormai usciti, si andranno ad alimentare fobie e paure che mai, e poi mai, consentiranno di giungere all'Amore incondizionato, dunque all'utilizzo delle onde epsilon.

Si è detto, infatti, che la vibrazione dell'Amore è la stessa delle epsilon.

6. La nuova prospettiva.

Da questa nuova prospettiva, si può osservare una delle frasi famose di Einstein:

SINTONIZZATI SULLA REALTA' CHE DESIDERI E NON POTRAI FARE A MENO DI OTTENERE QUELLA REALTA'

Per "sintonizzarsi" bisogna prima di tutto osservare gli ottenimenti raggiunti, poi completare le sequenze emozionali mancanti, dimostrando così amore incondizionato per tutte le eventualità dell'Universo, se, infatti, non le avessi osservate e sperimentate non avrei mai saputo che non erano soddisfacenti per me...

È importante scrivere la lista degli ottenimenti (per esempio per gli ultimi due anni), che, da questa prospettiva, sarà molto più ampia e rispettosa di se stessi di quanto non lo sia stata fino a ora. Sarà l'indicatore del fatto che si sta provando amore incondizionato per ogni eventualità data dall'Universo.

Poi ci si dovrà immedesimare nella realtà che s'intende creare spingendosi sempre più nei particolari e immaginando ogni cosa così come si vorrebbe che fosse.

Ci si renderà conto che per ogni frase scritta come desiderio cui anelare, si può scrivere un intero libro...

7. La Felicità.

Dopo un po' di tempo di questo semplice esercizio, il cervello si abitua al cambio di prospettiva e comprende che la vita può essere più facile. Comincerà, così, a immaginare situazioni sempre più facili da vivere.

Alla fine ci si rende conto che, o si fa uno sforzo di fantasia sovrumano e continuo per immaginare eventuali problematiche e relative soluzioni, o, semplicemente, si aprono le mani lasciando andare tutto, anche il nuovo appena ottenuto, chiedendo solo di vivere la vita con FACILITA' (stesso suono di felicità) e che ogni cosa intrapresa si svolga nella più assoluta e totale facilità in armonia con tutto e tutti. Allora l'immaginazione andrà verso particolari in cui ogni cosa sia facile e si svolga con facilità. Si abbandonerà per sempre la paura di essere felici - molto radicata nel profondo della cultura umana- e si potrà andare verso il rispetto profondo del principio d'indeterminazione dettato dall'Universo e contenuto nella frase: "Ogni cosa è in Tutto e dunque per se stessa indeterminata."

Anche la Felicità è in tutto, perciò sta a ognuno scegliere di determinarla ogni volta che lo desideri. Spero che voi lo desideriate.

Sempre.

Epsilon/Lambda
Onda d'Amore

Lucia Dettori

architetto affermato e sensibile, si dedica da
diversi anni allo studio e alla ricerca in ambito
spirituale, viluppando un precipuo interesseper
le tematiche dell'Evoluzione umana in rapporto
alle Leggi dell'Universo.

Attraverso lo studio
delle onde cerebrali
è giunta da tempo
alla formulazione
di una sua propria teoria
basata su principi
di fisica e meccanica
quantistica,
teoria riassunta nel saggio
"Il Delta, la legge delle dimensioni" 2009.

Altre sue pubblicazioni sono:
Eléne 2008
La Città del Sogno 2010
Il Canto delle Carte 2013
Le Pergamene 2015

Epsilon/Lambda
Onda d'Amore

Lucia Dettori

SOMMARIO

Epsilon/Lambda
Onda d'Amore

Opere di Lucia Dettori

Le Pergamene

Nel tempo profondo della Creazione già eravamo; saremo allorchè si camminerà fra i Mondi e, ogni volta che incontriamo l'Anima, Siamo.

Eléne

Occitania 1244, alcuni membri della famiglia da La Tour sfuggono al rogo di Montségur, hanno il compito di salvaguardare le antiche Pergamene.

Sardegna 2000, la giovane Elena De Thori scopre l'esistenza di antiche Pergamene, custodite da secoli dalla sua famiglia.

Il momento atteso è giunto e la visione della vita è cambiata.

Bisogna agire.

La Città del sogno

Eléne si porta nella Città del Sogno. Elena conclude la ricerca.

Le Pergamene si svelano. Desiderare è il segreto

Il Delta

La legge delleDimensioni

L'umanità ha perso la conoscenza delle proprie potenzialità.

L'uomo ha perso l'immagine di sé: creatura speciale, "magica", in grado di creare da sola la propria realtà.

La conoscenza della legge del delta risveglia le potenzialità sopite e dà la maestria della vita, portando armonia ed equilibrio.

Il Canto delle Carte

Osservando una Mappa delle Opportunità, il dolore e le gioie di varie generazioni scorrono dinanzi ai miei occhi mostrandomi la potenza dell'Universo e l'angustia del genere umano che sceglie di continuare a vivere nel buoi, pur di non dover affrontare la Luce...

La Luce e l'energia che tutto muove e crea, ciò da cui la realtà umana trae origine, perciò la si può chiamare anche Amore Universale!

Disponibili in formato digitale Ebook e libro in Amazon.it

Epsilon/Lambda

Onda d'Amore

www.ingramcontent.com/pod-product-compliance
Lightning Source LLC
Chambersburg PA
CBHW060356190526
45169CB00002B/625